2023

JANUARY
S	M	T	W	T	F	S
1	2	3	4	5	6	7
8	9	10	11	12	13	14
15	16	17	18	19	20	21
22	23	24	25	26	27	28
29	30	31				

FEBRUARY
S	M	T	W	T	F	S
			1	2	3	4
5	6	7	8	9	10	11
12	13	14	15	16	17	18
19	20	21	22	23	24	25
26	27	28				

MARCH
S	M	T	W	T	F	S
			1	2	3	4
5	6	7	8	9	10	11
12	13	14	15	16	17	18
19	20	21	22	23	24	25
26	27	28	29	30	31	

APRIL
S	M	T	W	T	F	S
						1
2	3	4	5	6	7	8
9	10	11	12	13	14	15
16	17	18	19	20	21	22
23	24	25	26	27	28	29
30						

MAY
S	M	T	W	T	F	S
	1	2	3	4	5	6
7	8	9	10	11	12	13
14	15	16	17	18	19	20
21	22	23	24	25	26	27
28	29	30	31			

JUNE
S	M	T	W	T	F	S
				1	2	3
4	5	6	7	8	9	10
11	12	13	14	15	16	17
18	19	20	21	22	23	24
25	26	27	28	29	30	

JULY
S	M	T	W	T	F	S
						1
2	3	4	5	6	7	8
9	10	11	12	13	14	15
16	17	18	19	20	21	22
23	24	25	26	27	28	29
30	31					

AUGUST
S	M	T	W	T	F	S
		1	2	3	4	5
6	7	8	9	10	11	12
13	14	15	16	17	18	19
20	21	22	23	24	25	26
27	28	29	30	31		

SEPTEMBER
S	M	T	W	T	F	S
					1	2
3	4	5	6	7	8	9
10	11	12	13	14	15	16
17	18	19	20	21	22	23
24	25	26	27	28	29	30

OCTOBER
S	M	T	W	T	F	S
1	2	3	4	5	6	7
8	9	10	11	12	13	14
15	16	17	18	19	20	21
22	23	24	25	26	27	28
29	30	31				

NOVEMBER
S	M	T	W	T	F	S
			1	2	3	4
5	6	7	8	9	10	11
12	13	14	15	16	17	18
19	20	21	22	23	24	25
26	27	28	29	30		

DECEMBER
S	M	T	W	T	F	S
					1	2
3	4	5	6	7	8	9
10	11	12	13	14	15	16
17	18	19	20	21	22	23
24	25	26	27	28	29	30
31						

2022

JANUARY
S	M	T	W	T	F	S
						1
2	3	4	5	6	7	8
9	10	11	12	13	14	15
16	17	18	19	20	21	22
23	24	25	26	27	28	29
30	31					

FEBRUARY
S	M	T	W	T	F	S
		1	2	3	4	5
6	7	8	9	10	11	12
13	14	15	16	17	18	19
20	21	22	23	24	25	26
27	28					

MARCH
S	M	T	W	T	F	S
		1	2	3	4	5
6	7	8	9	10	11	12
13	14	15	16	17	18	19
20	21	22	23	24	25	26
27	28	29	30	31		

APRIL
S	M	T	W	T	F	S
					1	2
3	4	5	6	7	8	9
10	11	12	13	14	15	16
17	18	19	20	21	22	23
24	25	26	27	28	29	30

MAY
S	M	T	W	T	F	S
1	2	3	4	5	6	7
8	9	10	11	12	13	14
15	16	17	18	19	20	21
22	23	24	25	26	27	28
29	30	31				

JUNE
S	M	T	W	T	F	S
			1	2	3	4
5	6	7	8	9	10	11
12	13	14	15	16	17	18
19	20	21	22	23	24	25
26	27	28	29	30		

JULY
S	M	T	W	T	F	S
					1	2
3	4	5	6	7	8	9
10	11	12	13	14	15	16
17	18	19	20	21	22	23
24	25	26	27	28	29	30
31						

AUGUST
S	M	T	W	T	F	S
	1	2	3	4	5	6
7	8	9	10	11	12	13
14	15	16	17	18	19	20
21	22	23	24	25	26	27
28	29	30	31			

SEPTEMBER
S	M	T	W	T	F	S
				1	2	3
4	5	6	7	8	9	10
11	12	13	14	15	16	17
18	19	20	21	22	23	24
25	26	27	28	29	30	

OCTOBER
S	M	T	W	T	F	S
						1
2	3	4	5	6	7	8
9	10	11	12	13	14	15
16	17	18	19	20	21	22
23	24	25	26	27	28	29
30	31					

NOVEMBER
S	M	T	W	T	F	S
		1	2	3	4	5
6	7	8	9	10	11	12
13	14	15	16	17	18	19
20	21	22	23	24	25	26
27	28	29	30			

DECEMBER
S	M	T	W	T	F	S
				1	2	3
4	5	6	7	8	9	10
11	12	13	14	15	16	17
18	19	20	21	22	23	24
25	26	27	28	29	30	31

2024

JANUARY
S	M	T	W	T	F	S
	1	2	3	4	5	6
7	8	9	10	11	12	13
14	15	16	17	18	19	20
21	22	23	24	25	26	27
28	29	30	31			

FEBRUARY
S	M	T	W	T	F	S
				1	2	3
4	5	6	7	8	9	10
11	12	13	14	15	16	17
18	19	20	21	22	23	24
25	26	27	28	29		

MARCH
S	M	T	W	T	F	S
					1	2
3	4	5	6	7	8	9
10	11	12	13	14	15	16
17	18	19	20	21	22	23
24	25	26	27	28	29	30
31						

APRIL
S	M	T	W	T	F	S
	1	2	3	4	5	6
7	8	9	10	11	12	13
14	15	16	17	18	19	20
21	22	23	24	25	26	27
28	29	30				

MAY
S	M	T	W	T	F	S
			1	2	3	4
5	6	7	8	9	10	11
12	13	14	15	16	17	18
19	20	21	22	23	24	25
26	27	28	29	30	31	

JUNE
S	M	T	W	T	F	S
						1
2	3	4	5	6	7	8
9	10	11	12	13	14	15
16	17	18	19	20	21	22
23	24	25	26	27	28	29
30						

JULY
S	M	T	W	T	F	S
	1	2	3	4	5	6
7	8	9	10	11	12	13
14	15	16	17	18	19	20
21	22	23	24	25	26	27
28	29	30	31			

AUGUST
S	M	T	W	T	F	S
				1	2	3
4	5	6	7	8	9	10
11	12	13	14	15	16	17
18	19	20	21	22	23	24
25	26	27	28	29	30	31

SEPTEMBER
S	M	T	W	T	F	S
1	2	3	4	5	6	7
8	9	10	11	12	13	14
15	16	17	18	19	20	21
22	23	24	25	26	27	28
29	30					

OCTOBER
S	M	T	W	T	F	S
		1	2	3	4	5
6	7	8	9	10	11	12
13	14	15	16	17	18	19
20	21	22	23	24	25	26
27	28	29	30	31		

NOVEMBER
S	M	T	W	T	F	S
					1	2
3	4	5	6	7	8	9
10	11	12	13	14	15	16
17	18	19	20	21	22	23
24	25	26	27	28	29	30

DECEMBER
S	M	T	W	T	F	S
1	2	3	4	5	6	7
8	9	10	11	12	13	14
15	16	17	18	19	20	21
22	23	24	25	26	27	28
29	30	31				

Above: **San Diego–Coronado Bridge, San Diego, California**

Thirty slender towers lift traffic on the San Diego–Coronado Bridge to a height of 200 ft to allow for the passage of some of the US Navy's largest ships. A continuous 1,880 ft long box girder makes up the three highest spans of the bridge, which stretches more than 2 mi across San Diego Bay.

Cover: **Benjamin Sheares Bridge, Singapore**

The designers of the Benjamin Sheares Bridge may have paid special attention to the aesthetics of the underside of the structure because it passes over two busy waterways and parts of a major entertainment district that includes public gardens, an amphitheater, a museum, and a luxury resort. The 1.8 km long viaduct, which opened in 1981, is the longest in Singapore.

All photographs via Getty Images

ASCE
AMERICAN SOCIETY OF CIVIL ENGINEERS

January

The stark, minimalist form of Glasgow's Tradeston Bridge provides a surprisingly inviting path into the city's financial district. The brightly lit steel superstructure supports a slender, 100 m long deck that gently curves as it crosses the Clyde River. The bridge opened in 2009 as part of an effort to revitalize the riverfront.

SUNDAY	MONDAY	TUESDAY	WEDNESDAY	THURSDAY	FRIDAY	SATURDAY
1 New Year's Day	**2** New Year's Day (Observed)	**3**	**4**	**5**	**6** ○	**7**
8	**9**	**10**	**11**	**12**	**13**	**14** ☽
15	**16** Martin Luther King's Birthday (Observed)	**17**	**18**	**19**	**20**	**21** ●
22	**23**	**24**	**25**	**26**	**27**	**28** ☾
29	**30**	**31**				

DECEMBER
S	M	T	W	T	F	S
				1	2	3
4	5	6	7	8	9	10
11	12	13	14	15	16	17
18	19	20	21	22	23	24
25	26	27	28	29	30	31

FEBRUARY
S	M	T	W	T	F	S
			1	2	3	4
5	6	7	8	9	10	11
12	13	14	15	16	17	18
19	20	21	22	23	24	25
26	27	28				

● New moon
☽ First quarter moon
○ Full moon
☾ Last quarter moon

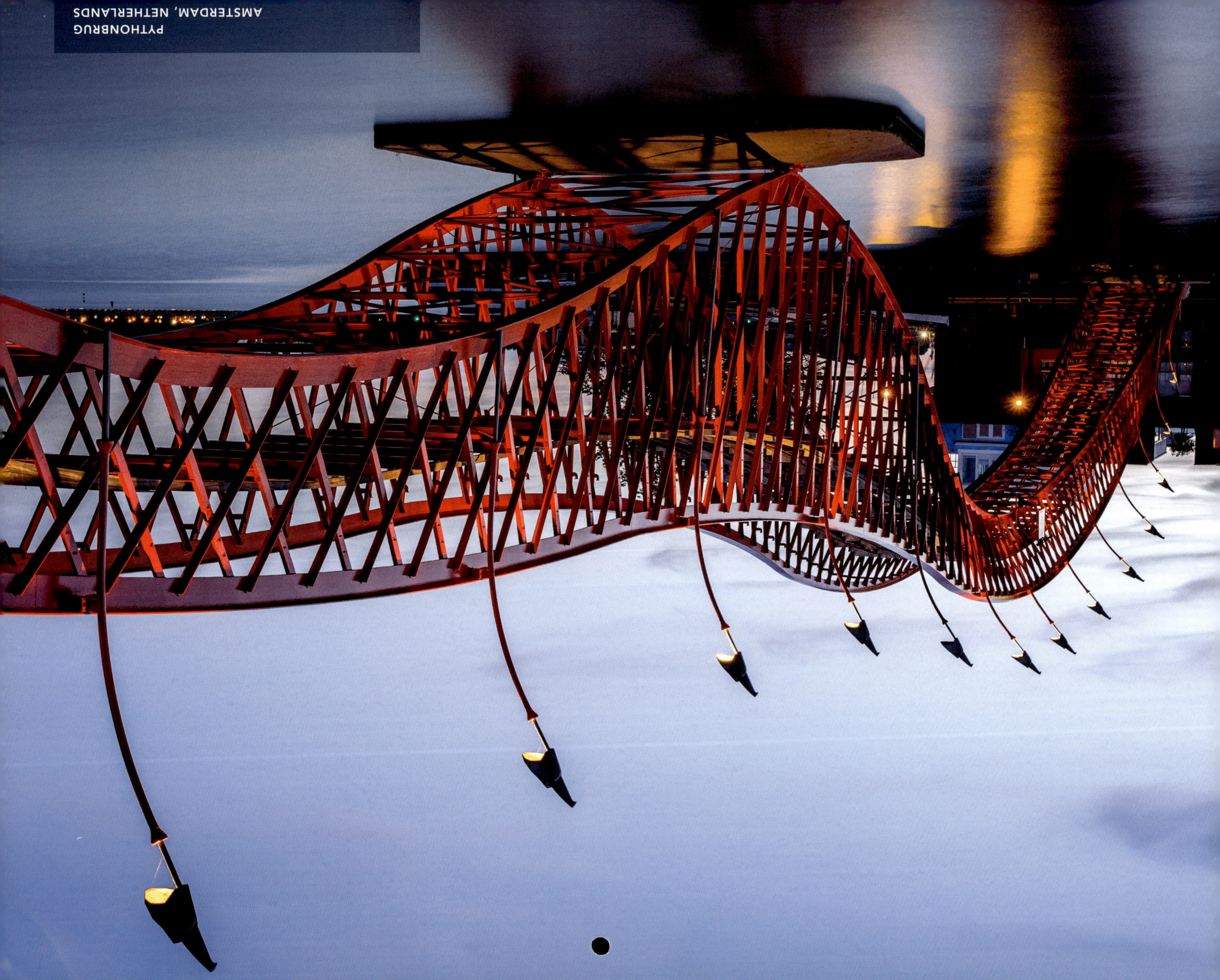

February

In a city filled with waterways and bridges, Pythonbrug—also known as High Bridge—stands out because of its bright red color and undulating form. The 90 m long pedestrian crossing, which opened in 2001, links two sides of a nineteenth-century harbor that has been transformed into a modern residential district.

SUNDAY	MONDAY	TUESDAY	WEDNESDAY	THURSDAY	FRIDAY	SATURDAY
JANUARY S M T W T F S 1 2 3 4 5 6 7 8 9 10 11 12 13 14 15 16 17 18 19 20 21 22 23 24 25 26 27 28 29 30 31	**MARCH** S M T W T F S 1 2 3 4 5 6 7 8 9 10 11 12 13 14 15 16 17 18 19 20 21 22 23 24 25 26 27 28 29 30 31	● New moon ◐ First quarter moon ○ Full moon ◑ Last quarter moon	**1**	**2**	**3**	**4**
5 ○	**6**	**7**	**8**	**9**	**10**	**11**
12	**13** ◐	**14** Valentine's Day	**15**	**16**	**17**	**18**
19 National Engineers Week February 19–25	**20** ● Presidents' Day	**21**	**22** Ash Wednesday	**23**	**24**	**25**
26	**27** ◑	**28**				

March

Constructed from 1578 to 1607, the Pont Neuf is the oldest bridge on the Seine River in Paris. By joining both sides of the Seine via the Île de la Cité—the island where the city is said to have been born—the 232 m long crossing has become an enduring symbol of Paris itself.

SUNDAY	MONDAY	TUESDAY	WEDNESDAY	THURSDAY	FRIDAY	SATURDAY
FEBRUARY S M T W T F S 　　1 2 3 4 5 6 7 8 9 10 11 12 13 14 15 16 17 18 19 20 21 22 23 24 25 26 27 28	**APRIL** S M T W T F S 　　　　　1 2 3 4 5 6 7 8 9 10 11 12 13 14 15 16 17 18 19 20 21 22 23 24 25 26 27 28 29 30	● New moon ◑ First quarter moon ○ Full moon ◐ Last quarter moon	**1**	**2**	**3**	**4**
5	**6**	**7** ○	**8**	**9**	**10**	**11**
12 Daylight Saving Time begins	**13**	**14** ◗	**15**	**16**	**17** St. Patrick's Day	**18**
19	**20** Spring Equinox	**21** ● Ramadan begins	**22**	**23**	**24**	**25**
26	**27**	**28** ◐	**29**	**30**	**31**	

April

This five-span, two-level cantilever truss has linked the New York City boroughs of Manhattan and Queens since 1909. The 3,725 ft long structure includes two major river crossings, a 984 ft long span to the east of Roosevelt Island, and a 1,182 ft long span to the west. It is the longest of the city's East River bridges and the only one that is not a suspension bridge.

SUNDAY	MONDAY	TUESDAY	WEDNESDAY	THURSDAY	FRIDAY	SATURDAY
MARCH S M T W T F S　　　　1　2　3　4　5　6　7　8　9　10　11　12　13　14　15　16　17　18　19　20　21　22　23　24　25　26　27　28　29　30　31	MAY S M T W T F S　　　1　2　3　4　5　6　7　8　9　10　11　12　13　14　15　16　17　18　19　20　21　22　23　24　25　26　27　28　29　30　31	● New moon ◐ First quarter moon ○ Full moon ◑ Last quarter moon				**1**
2 Palm Sunday	**3**	**4**	**5** Passover begins	**6** ○	**7** Good Friday	**8**
9 Easter	**10**	**11**	**12**	**13** ◐	**14**	**15**
16	**17**	**18**	**19**	**20** ●	**21** Eid al-Fitr	**22** Earth Day
23/30	**24**	**25**	**26**	**27** ◑	**28**	**29**

May

In Vietnam, the dragon is a national symbol that evokes a sense of power and pride. It is no wonder then that the designers of the Dragon Bridge on the Han River paid such attention to detail. Five steel tubes held together by collars and spiky steel plates form the dragon's body. At one end of the 666 m long bridge, the creature's head can spit water and bursts of fire.

SUNDAY	MONDAY	TUESDAY	WEDNESDAY	THURSDAY	FRIDAY	SATURDAY
● New moon ◐ First quarter moon ○ Full moon ◑ Last quarter moon	**1**	**2**	**3**	**4**	**5** ○ Cinco de Mayo	**6**
7	**8**	**9**	**10**	**11**	**12** ◐	**13**
14 Mother's Day	**15**	**16**	**17**	**18**	**19** ●	**20** Armed Forces Day
21	**22**	**23**	**24**	**25**	**26**	**27** ◑
28	**29** Memorial Day	**30**	**31**			

APRIL
S	M	T	W	T	F	S
						1
2	3	4	5	6	7	8
9	10	11	12	13	14	15
16	17	18	19	20	21	22
23	24	25	26	27	28	29
30						

JUNE
S	M	T	W	T	F	S
				1	2	3
4	5	6	7	8	9	10
11	12	13	14	15	16	17
18	19	20	21	22	23	24
25	26	27	28	29	30	

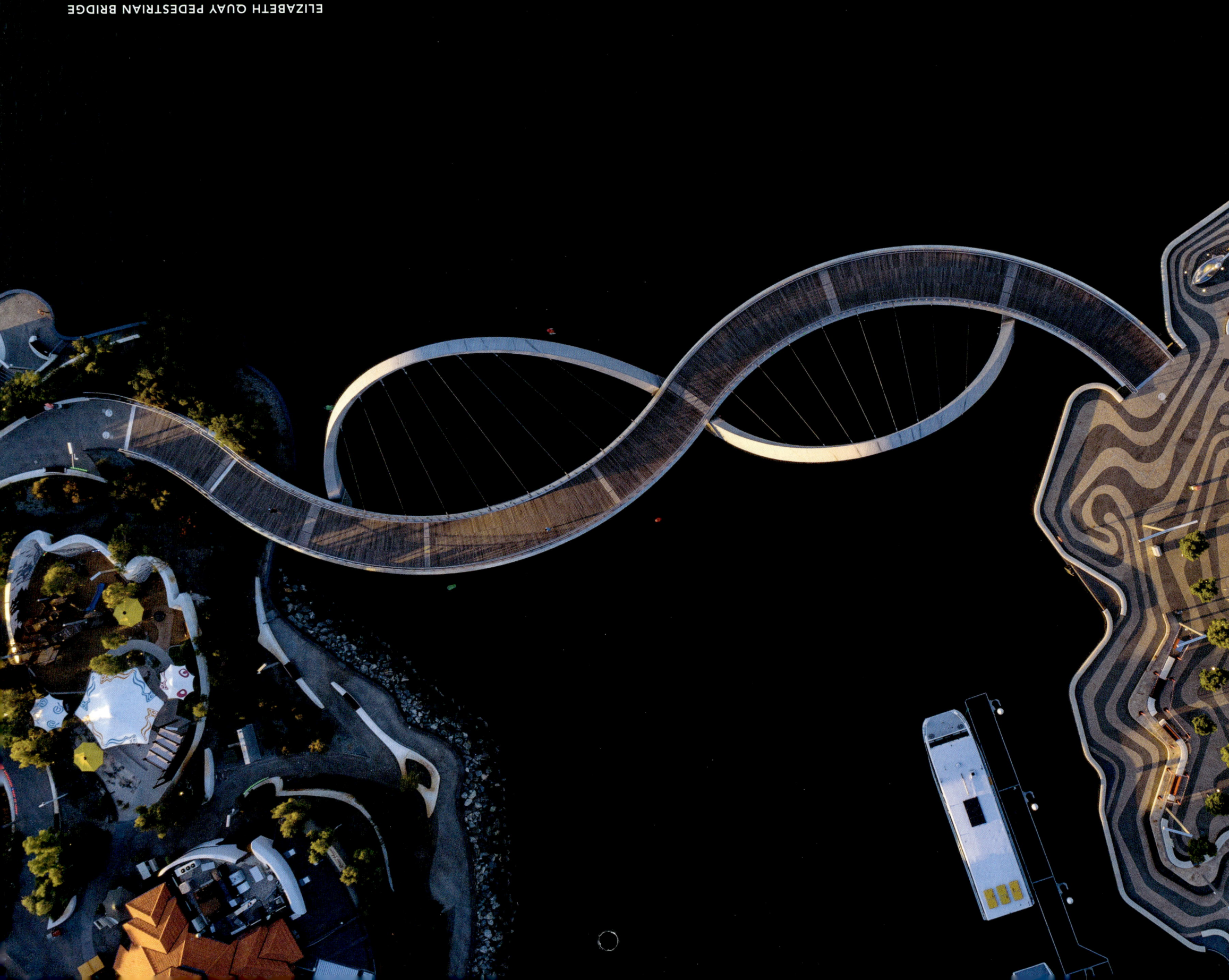

June

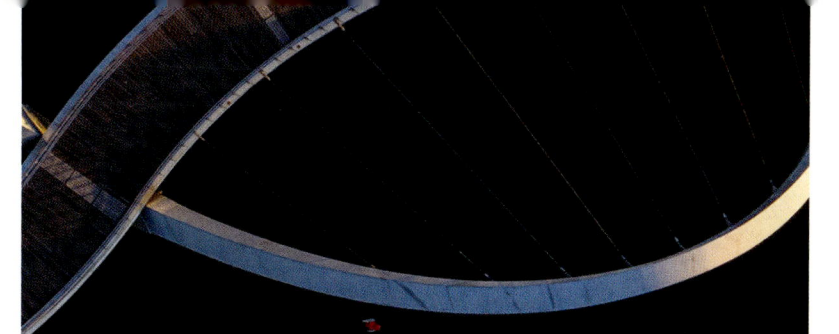

An S-shaped deck and a pair of 22 m high arches leaning in opposite directions give the Elizabeth Quay Pedestrian Bridge a playful personality. The 110 m long pedestrian crossing was built in 2016 as part of a mixed-use development along the Swan River in Perth's central business district.

SUNDAY	MONDAY	TUESDAY	WEDNESDAY	THURSDAY	FRIDAY	SATURDAY

MAY
S M T W T F S
  1 2 3 4 5 6
7 8 9 10 11 12 13
14 15 16 17 18 19 20
21 22 23 24 25 26 27
28 29 30 31
	JULY
	S M T W T F S
	          1
	2 3 4 5 6 7 8
	9 10 11 12 13 14 15
	16 17 18 19 20 21 22
	23 24 25 26 27 28 29
	30 31
		● New moon
		◐ First quarter moon
		○ Full moon
		◑ Last quarter moon
				1	**2**	**3** ○

4	**5**	**6**	**7**	**8**	**9**	**10** ◑
11	**12**	**13**	**14** Flag Day	**15**	**16**	**17**
18 ●	**19** Juneteenth	**20**	**21** Summer Solstice	**22**	**23**	**24**
Father's Day						
25	**26** ◑	**27**	**28**	**29**	**30**	

July

The Granville Bridge carries eight lanes of traffic in and out of downtown Vancouver, but on a still night, the bridge and its reflection in the waters of False Creek frame a tranquil scene. The busy urban crossing, which opened in 1954, comprises seven steel deck truss spans and a series of concrete girder approach spans for a total length of 1,171 m.

SUNDAY	MONDAY	TUESDAY	WEDNESDAY	THURSDAY	FRIDAY	SATURDAY
JUNE S M T W T F S 1 2 3 4 5 6 7 8 9 10 11 12 13 14 15 16 17 18 19 20 21 22 23 24 25 26 27 28 29 30	AUGUST S M T W T F S 1 2 3 4 5 6 7 8 9 10 11 12 13 14 15 16 17 18 19 20 21 22 23 24 25 26 27 28 29 30 31	● New moon ◐ First quarter moon ○ Full moon ◑ Last quarter moon				**1**
2	**3** ○	**4** Independence Day	**5**	**6**	**7**	**8**
9 ◗	**10**	**11**	**12**	**13**	**14**	**15**
16	**17** ●	**18**	**19**	**20**	**21**	**22**
23/30	**24/31**	**25** ◑	**26**	**27**	**28**	**29**

August

A vantage point high above the deck of Stonecutters Bridge, one of the longest cable-stayed bridges in the world, offers breathtaking views of the Hong Kong skyline and the busy shipping lanes that fuel the region's economy. Two 290 m tall towers support the 1,018 m main span, which consists of a twin box girder designed to withstand typhoon winds.

SUNDAY	MONDAY	TUESDAY	WEDNESDAY	THURSDAY	FRIDAY	SATURDAY
JULY S M T W T F S 　　　　　　1 2 3 4 5 6 7 8 9 10 11 12 13 14 15 16 17 18 19 20 21 22 23 24 25 26 27 28 29 30 31	SEPTEMBER S M T W T F S 　　　　　1 2 3 4 5 6 7 8 9 10 11 12 13 14 15 16 17 18 19 20 21 22 23 24 25 26 27 28 29 30	1 ○	2	3	4	5
6	7	8 ◗	9	10	11	12
13	14	15	16 ●	17	18	19
20	21	22	23	24 ◖	25	26
27	28	29	30 ○	31	● New moon ◗ First quarter moon ○ Full moon ◗ Last quarter moon	

September

The New River Gorge Bridge made history when it debuted in 1977 as the longest steel arch span and the highest vehicular bridge in the world. Though it can no longer claim those superlatives, it remains a spectacular sight. The 3,030 ft long structure, which boasts a 1,700 ft long main span, eliminated a 40 mi detour by passing 876 ft above the New River.

SUNDAY	MONDAY	TUESDAY	WEDNESDAY	THURSDAY	FRIDAY	SATURDAY
AUGUST S M T W T F S 1 2 3 4 5 6 7 8 9 10 11 12 13 14 15 16 17 18 19 20 21 22 23 24 25 26 27 28 29 30 31	**OCTOBER** S M T W T F S 1 2 3 4 5 6 7 8 9 10 11 12 13 14 15 16 17 18 19 20 21 22 23 24 25 26 27 28 29 30 31	● New moon ◐ First quarter moon ○ Full moon ◑ Last quarter moon			**1**	**2**
3	**4** Labor Day	**5**	**6** ◐	**7**	**8**	**9**
10	**11**	**12**	**13**	**14** ●	**15** Rosh Hashanah	**16**
17	**18**	**19**	**20**	**21**	**22** ◑	**23** Autumn Equinox
24 Yom Kippur	**25**	**26**	**27**	**28**	**29** ○	**30**

October

Built for sheer spectacle, the beautifully lit Meydan Bridge serves as the VIP entrance to the Meydan Racecourse complex in Dubai. Its primary purpose is to convey the royal family and their guests to the grandstand for the Dubai World Cup, an annual horse race. The wavelike form of the steel cladding is meant to evoke a horse's mane.

SUNDAY	MONDAY	TUESDAY	WEDNESDAY	THURSDAY	FRIDAY	SATURDAY
1	2	3	4	5	6 ☽	7
8	9 Columbus Day Indigenous Peoples' Day	10	11	12	13	14 ●
15	16	17	18 ASCE 2023 Convention October 18–21	19	20	21 ☾
22	23	24	25	26	27	28 ○
29	30	31 Halloween				

SEPTEMBER

S	M	T	W	T	F	S
					1	2
3	4	5	6	7	8	9
10	11	12	13	14	15	16
17	18	19	20	21	22	23
24	25	26	27	28	29	30

NOVEMBER

S	M	T	W	T	F	S
			1	2	3	4
5	6	7	8	9	10	11
12	13	14	15	16	17	18
19	20	21	22	23	24	25
26	27	28	29	30		

● New moon
☽ First quarter moon
○ Full moon
☾ Last quarter moon

November

To accommodate ships on the nation's busiest inland waterway, bridges on the lower Mississippi River must be both high and wide. The Horace Wilkinson Bridge—also known as the New Bridge to distinguish it from an older crossing just upstream—is no exception. The mighty cantilever truss lifts Interstate 10 to a height of 175 ft over the river on a 1,235 ft long main span.

SUNDAY	MONDAY	TUESDAY	WEDNESDAY	THURSDAY	FRIDAY	SATURDAY
OCTOBER S M T W T F S 1 2 3 4 5 6 7 8 9 10 11 12 13 14 15 16 17 18 19 20 21 22 23 24 25 26 27 28 29 30 31	**DECEMBER** S M T W T F S 1 2 3 4 5 6 7 8 9 10 11 12 13 14 15 16 17 18 19 20 21 22 23 24 25 26 27 28 29 30 31	● New moon ◐ First quarter moon ○ Full moon ◑ Last quarter moon	**1**	**2**	**3**	**4**
5 ◐ ASCE Day ASCE 171st Anniversary www.asce.org/ASCEDay Daylight Saving Time ends	**6**	**7** Election Day	**8**	**9**	**10** Veterans Day (Observed)	**11** Veterans Day
12	**13** ●	**14**	**15**	**16**	**17**	**18**
19	**20** ◑	**21**	**22**	**23** Thanksgiving Day	**24**	**25**
26	**27** ○	**28**	**29**	**30**